すみっコぐらし 学習ドリル

小学1年の さんすうの 文しょうだい

しろくま

北からにげてきた、さむがりて
ひとみしりのくま。あったかい
お茶をすみっこてのんている
ときがおちつく。

ぺんぎん？

じぶんはぺんぎん？
じしんがない。
昔はあたまにお皿が
あったような…

とんかつ

とんかつのはじっこ。
おにく1％、しぼう99％。
あぶらっぽいから
のこされちゃった…

ねこ

はずかしがりやのねこ。
気が弱く、よくすみっこを
ゆずってしまう。

とかげ

じつは、きょうりゅうの
生きのこり。
つかまっちゃうので
とかげのふりをしている。

この ドリルの つかいかた

1

ドリルを した
日にちを
かきましょう。

2

_____に
きを つけて
かんがえて
みましょう。

3

こたえは
ていねいに
かきましょう。

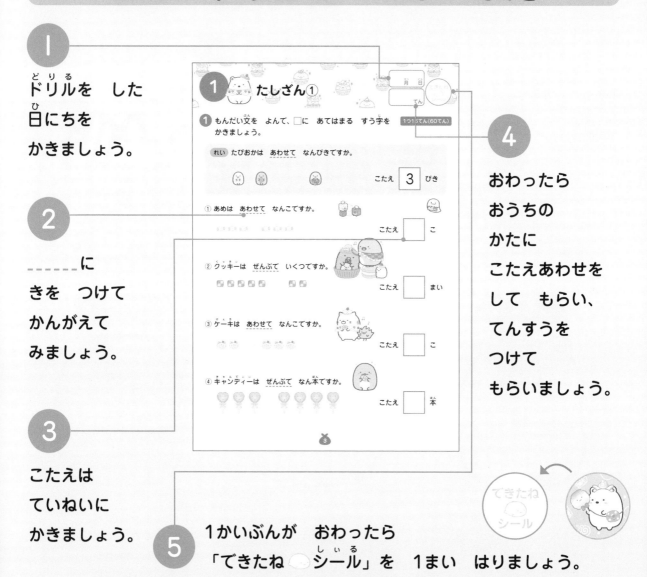

4

おわったら
おうちの
かたに
こたえあわせを
して もらい、
てんすうを
つけて
もらいましょう。

5

1かいぶんが おわったら
「できたね シール」を 1まい はりましょう。

おうちの方へ

●このドリルでは、1年生で学習する算数のうち、文章題を中心に学習します。すみっコぐらし
学習ドリル「小学1年のたしざん・ひきざん」と併用すると、より効果的です。

●学習指導要領に対応しています。

●答えは73〜80ページにあります。

●1回分の問題を解き終えたら、答え合わせをしてあげてください。

●まちがえた問題は、どこをまちがえたのか確認して、しっかり復習してください。

●「できたね シール」は多めにつくりました。あまった分はご自由にお使いください。

1 たしざん①

月 日

てん

てきたね
シール

1 もんだい文を よんで、□に あてはまる すう字を
かきましょう。

1つ15てん（60てん）

れい たぴおかは <u>あわせて</u> なんびきですか。

こたえ **3** びき

① あめは <u>あわせて</u> なんこですか。

こたえ □ こ

② クッキーは <u>ぜんぶで</u> いくつですか。

こたえ □ まい

③ ケーキは <u>あわせて</u> なんこですか。

こたえ □ こ

④ キャンディーは <u>ぜんぶで</u> なん本ですか。

こたえ □ 本

② もんだい文を　よんで、□に　あてはまる　すう字を
かきましょう。

① あめが　3ことと　2こ　あります。あわせて　なんこですか。

3こ　　　　　2こ

こたえ　□　こ

② ケーキが　2ことと　4こ　あります。あわせて　なんこですか。

2こ　　　　　4こ

こたえ　□　こ

③ マカロンが　6ことと　1こ　あります。ぜんぶで　いくつですか。

6こ　　　　　1こ

こたえ　□　こ

④ クッキーが　4まいと　5まい　あります。ぜんぶで　なんまいですか。

4まい　　　　　5まい

こたえ　□　まい

⑤ クッキーが　7まいと　3まい　あります。あわせて　なんまいですか。

7まい　　　　　3まい

こたえ　□　まい

1 もんだい文を　よんで、しきに　あう　かずの　○を
〔◯〕に　かきましょう。

`1つ10てん（20てん）`

れい　りんご　3こと　1こを　あわせると　4こに　なります。

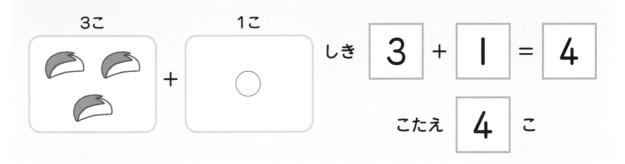

3こ　　　　　1こ

しき　$3 + 1 = 4$

こたえ　4　こ

① おにぎり　6こと　2こを　あわせると　8こに　なります。

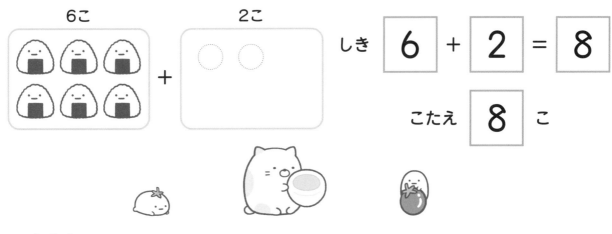

6こ　　　　　2こ

しき　$6 + 2 = 8$

こたえ　8　こ

② トマト　7こと　3こを　あわせると　10こに　なります。

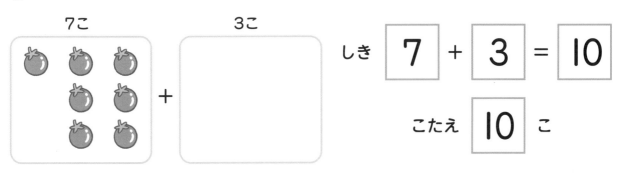

7こ　　　　　3こ

しき　$7 + 3 = 10$

こたえ　10　こ

2 もんだい文を よんで、□に あてはまる すう字を かきましょう。

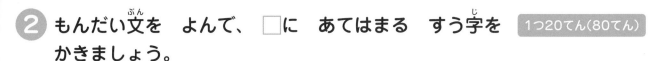 1つ20てん（80てん）

① ブロッコリーは あわせて なんこですか。

しき | 4 | + | □ | = | □ 　　こたえ □ こ

② にんじんは あわせて なんこですか。

しき | □ | + | 1 | = | □ 　　こたえ □ こ

③ たまごやきは あわせて なんこですか。

しき | 5 | + | □ | = | □ 　　こたえ □ こ

④ はたは あわせて なん本ですか。

しき | □ | + | □ | = | □ 　　こたえ □ 本

3 たしざん③

1 もんだい文を　よんで、□に　あてはまる　すう字を
かきましょう。

1つ10てん（20てん）

れい　たぴおかが　3びき　います。4ひき　ふえると　7ひきに　なります。

しき　| 3 | + | 4 | = | 7 |　こたえ　| 7 | ひき

① ラムネが　4本　あります。4本　ふえると　8本に　なります。

しき　□ + □ = □　こたえ　□ 本

② ドーナツが　5こ　あります。そこへ　4こ　もらったので、
ぜんぶで　9こに　なりました。

しき　□ + □ = □　こたえ　□ こ

れい シールが 5まい あります。3まい ふえると 8まいに なります。

しき $5 + 3 = 8$

① みかんが 3こ あります。4こ ふえると 7こに なります。

しき

② いろがみが 2まい あります。そこへ 7まい もらったので、
ぜんぶで 9まいに なりました。

しき

③ 本を 6さつ もって います。きょう 2さつ かったので、
ぜんぶで 8さつに なりました。

しき

④ こうえんで 4人 あそんで います。そこへ 4人 きたので、
みんなで 8人に なりました。

しき

⑤ ドーナツが 5こ あります。そこへ おなじ かずの
ドーナツを もらったので、ぜんぶで 10こに なりました。

しき

4 たしざん④

1 もんだい文を　よんで、しきと　こたえを
かきましょう。

① きのこが　4ことと　3こ　あります。
きのこは　ぜんぶで　なんこ　ありますか。

しき　　　　　　　　　　　　　　　こたえ　　　　　　こ

② たぴおかが　2ひきと　6ぴき　います。
たぴおかは　ぜんぶで　なんびき　いますか。

しき　　　　　　　　　　　　　　　こたえ　　　　　　ぴき

③ 赤い花が　2本と　青い花が　4本　さいて　います。
花は　ぜんぶで　なん本　さいて　いますか。

しき　　　　　　　　　　　　　　　こたえ　　　　　　本

④ きのうは、りんごを　4こ　たべました。きょうは、たべませんでした。
たべた　りんごは　ぜんぶで　なんこですか。

しき　　　　　　　　　　　　　　　こたえ　　　　　　こ

2 もんだい文を　よんで、しきと　こたえを
かきましょう。

① みかんが　6ことと　3こ　あります。
みかんは　ぜんぶで　なんこ　ありますか。

しき　☐　　　　　こたえ　☐　こ

② 1年生が　3人、2年生が　5人　います。
あわせて　なん人てすか。

しき　☐　　　　　こたえ　☐　人

③ 赤えんぴつが　3本、青えんぴつが　7本　あります。
あわせて　なん本　ありますか。

しき　☐　　　　　こたえ　☐　本

④ ドーナツが　おさらに　4こ、はこに　2こ　あります。
ドーナツは　ぜんぶで　なんこ　ありますか。

しき　☐　　　　　こたえ　☐　こ

⑤ 小とりが　5わ　います。そこへ　2わ　とんで　きました。
小とりは　ぜんぶで　なんわに　なりますか。

しき　☐　　　　　こたえ　☐　わ

⑥ きのうは、クッキーを　たべませんでした。きょうは、8まい　たべました。
たべた　クッキーは　ぜんぶで　なんまいですか。

しき　☐　　　　　こたえ　☐　まい

1 もんだい文を　よんで、しきと　こたえを
かきましょう。

1つ10てん（40てん）

① ボタンが　10こ、いとが　4こ　あります。
あわせて　なんこに　なりますか。

しき　[　　　　　]　　こたえ　[　]　こ

② きいろい　けいとが　13こ、青い　けいとが　5こ　あります。
あわせて　なんこ　ありますか。

しき　[　　　　　]　　こたえ　[　]　こ

③ ボタンが　12こ、いとが　7こ　あります。あわせて　なんこ　ありますか。

しき　[　　　　　]　　こたえ　[　]　こ

④ ぬいぐるみが　3こと　ボタンが　14こ　あります。
あわせて　なんこ　ありますか。

しき　[　　　　　]　　こたえ　[　]　こ

② もんだい文を よんで、しきと こたえを
かきましょう。

① チーズケーキが 6こ、チョコレートケーキが 10こ あります。
あわせて なんこ ありますか。

しき [　　　　　　　　　　]　　　こたえ [　　] こ

② たいいくかんに 1年生が 12人、2年生が 8人 います。
ぜんぶで なん人 いますか。

しき [　　　　　　　　　　]　　　こたえ [　　] 人

③ えほんが 6さつ、ずかんが 14さつ あります。
あわせて なんさつ ありますか。

しき [　　　　　　　　　　]　　　こたえ [　　] さつ

④ ねこが 6ぴき、犬が 11ぴき います。
あわせて なんびき いますか。

しき [　　　　　　　　　　]　　　こたえ [　　] ひき

⑤ バスに おとなが 15人、こどもが 4人 のって います。
あわせて なん人 のって いますか。

しき [　　　　　　　　　　]　　　こたえ [　　] 人

⑥ ドーナツが 7こ あります。そこへ 12こ もらいました。
ぜんぶで なんこ ありますか。

しき [　　　　　　　　　　]　　　こたえ [　　] こ

6 たしざん⑥

1 もんだい文を　よんで、かずに　あう　○を　◯に　**1つ12てん（36てん）**
かいて、□に　こたえを　かきましょう。

① ポットが　4こ　あります。コップは　ポットより　2こ　おおいそうです。
コップは　なんこ　ありますか。

ポット　

コップ　◯ ◯ ◯ ◯ ◌ ◌

 こたえ □ こ

② たぴおかが　6ぴき　います。ほこりは　たぴおかより
4ひき　おおいそうです。ほこりは　なんびき　いますか。

たぴおか　

ほこり　◯

こたえ □ ぴき

③ ちらしが　3まい　あります。メニューは　ちらしより　5まい
おおいそうです。メニューは　なんまい　ありますか。

ちらし　

メニュー　◯

こたえ □ まい

2 もんだい文を よんで、しきと こたえを
かきましょう。

れい 2年生が 6人 います。1年生は 2年生より 3人 おおいそうです。
1年生は なん人 いますか。

しき $6 + 3 = 9$　　こたえ 9 人

① りんごが 3こ あります。いちごは りんごより 2こ おおいそうです。
いちごは なんこ ありますか。

しき 　　　　　　　　　　こたえ 　　こ

② ねこが 8ぴき います。犬は ねこより 2ひき おおいそうです。
犬は なんびき いますか。

しき 　　　　　　　　　　こたえ 　　ぴき

③ でん車に おとなが 10人 のって います。こどもは おとなより
7人 おおいそうです。こどもは なん人 のって いますか。

しき 　　　　　　　　　　こたえ 　　人

④ きいろい花は 12本 さいて います。赤い花は きいろい花より
8本 おおく さいて います。赤い花は なん本 さいて いますか。

しき 　　　　　　　　　　こたえ 　　本

1 もんだい文を　よんで、□に　あてはまる　すう字を　かきましょう。

1つ15てん（30てん）

① ドッグフードは　あわせて　なんこですか。

こたえ □ こ

② ほねが　3本と　7本　あります。ぜんぶで　なんこですか。

こたえ □ 本

2 おにぎりは　あわせて　なんこですか。
□に　あてはまる　すう字を　かきましょう。

20てん

4こ　　　　　　　3こ

しき □ ＋ □ ＝ □　　こたえ □ こ

③ もんだい文を よんで、しきを かきましょう。 20てん

トマトが 5こ あります。4こ ふえると
9こに なります。

しき

④ もんだい文を よんで、しきと こたえを
かきましょう。 1つ10てん（30てん）

① 1年生が 5人、2年生が 3人 います。
あわせて なん人 いますか。

しき こたえ 人

② バスに おとなが 6人、こどもが 12人 のって います。
ぜんぶで なん人 のって いますか。

しき こたえ 人

③ りんごが 7こ あります。いちごは りんごより 5こ おおいそうです。
いちごは なんこ ありますか。

しき こたえ こ

ひきざん①

1 もんだい文を　よんで、□に　こたえを
かきましょう。

1つ15てん（60てん）

れい　チケットが　3まい　あります。
　　　2まい　つかうと　のこりは　なんまいですか。

　　　こたえ　| 1 |　まい

① わたあめが　5こ　あります。3こ　たべると　のこりは　なんこですか。

　　　こたえ　□　こ

② ドリンクが　7こ　あります。4こ　のむと　のこりは　なんこですか。

　　　こたえ　□　こ

③ ふうせんが　8こ　あります。
　　3こ　とんで　いくと　のこりは　なんこですか。

　　　こたえ　□　こ

④ キャンディーが　10本　あります。
　　7本　たべると　のこりは　なん本ですか。

　　　こたえ　□　本

2 もんだい文を よんで、かずに あう ○を □に かいて、□に こたえを かきましょう。

れい ぬいぐるみが 5こ、カップが 2こ あります。
ぬいぐるみと カップの ちがいは なんこですか。

ぬいぐるみ

カップ

こたえ **3** こ

① たぴおかが 7ひき、ほこりは 3びき います。
たぴおかと ほこりの ちがいは なんびきですか。

たぴおか

ほこり

こたえ ☐ ひき

② キャンディーが 10本、えんぴつが 7本 あります。
キャンディーと えんぴつの ちがいは なん本ですか。

キャンディー

えんぴつ

こたえ ☐ 本

9 ひきざん②

1 もんだい文を　よんで、□に　あてはまる　すう字を
かきましょう。　　　　　　　　　　　1つ20てん（40てん）

れい　食パンが　5まい　あります。
　　　2まい　たべると　のこりは　なんまいですか。

しき　$5 - 2 = 3$　　こたえ　3　まい

① クリームパンが　6こ　あります。3こ　たべると　のこりは　なんこですか。

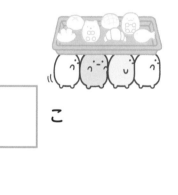

しき　$6 - 3 = \boxed{}$　　こたえ　$\boxed{}$　こ

② あんパンが　10こ　あります。6こ　たべると　のこりは　なんこですか。

しき　$10 - 6 = \boxed{}$　　こたえ　$\boxed{}$　こ

② もんだい文を よんで、□に あてはまる すう字を かきましょう。

れい フランスパンが 4ほん あります。
1ぽん たべると のこりは なんぼんですか。

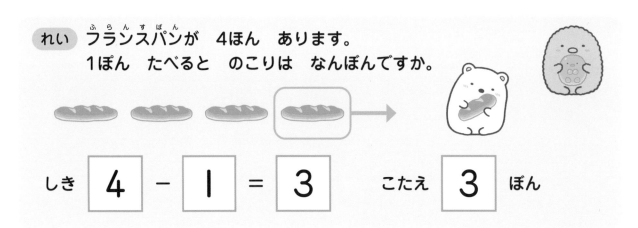

しき $\boxed{4}$ − $\boxed{1}$ = $\boxed{3}$ こたえ $\boxed{3}$ ぼん

① コッペパンが 7こ あります。4こ たべると のこりは なんこですか。

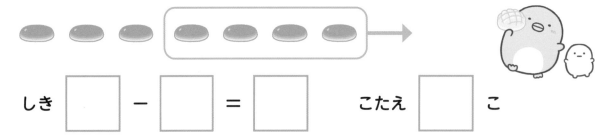

しき $\boxed{}$ − $\boxed{}$ = $\boxed{}$ こたえ $\boxed{}$ こ

② おさかなパンが 8こ あります。7こ たべると のこりは なんこですか。

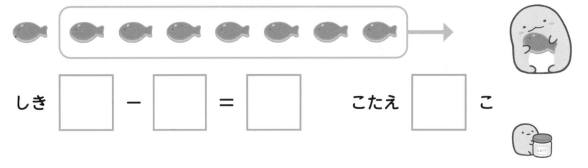

しき $\boxed{}$ − $\boxed{}$ = $\boxed{}$ こたえ $\boxed{}$ こ

③ メロンパンが 10こ あります。2こ たべると のこりは なんこですか。

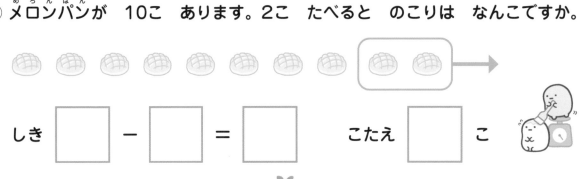

しき $\boxed{}$ − $\boxed{}$ = $\boxed{}$ こたえ $\boxed{}$ こ

1 もんだい文を　よんで、しきと　こたえを
かきましょう。

1つ20てん（60てん）

れい　ぶどうが　6こ　あります。3こ　たべると　のこりは　なんこですか。

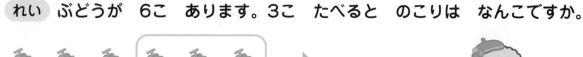

しき　| 6 − 3 = 3 |　　こたえ　| 3 |　こ

① ジュースが　9はい　あります。7はい　のむと　のこりは　なんばいですか。

しき　| 　　　　　　 |　　　　こたえ　| 　 |　はい

② オレンジが　12こ　あります。4こ　たべると　のこりは　なんこですか。

しき　| 　　　　　　 |　　　　こたえ　| 　 |　こ

③ ももが　10こ　あります。
ひとつも　たべないと　のこりは　なんこですか。

しき　| 　　　　　　 |　　　　こたえ　| 　 |　こ

② もんだい文を よんで、しきと こたえを かきましょう。

れい　メロンが　8こ　あります。5こ　たべると　のこりは　なんこですか。

しき　$8 - 5 = 3$　　　こたえ　3　こ

① ドーナツが　11こ　あります。3こ　たべると　のこりは　なんこですか。

しき　　　　　　　　　　　こたえ　　　こ

② いろがみが　15まい　あります。
5まい　つかうと　のこりは　なんまいですか。

しき　　　　　　　　　　　こたえ　　　まい

③ バスに　10人　のって　います。
7人　おりると　のこりは　なん人ですか。

しき　　　　　　　　　　　こたえ　　　人

④ クッキーが　9まい　あります。
ひとつも　たべないと　のこりは　なんまいですか。

しき　　　　　　　　　　　こたえ　　　まい

ひきざん④

1 もんだい文を　よんで、かずに　あう　○を　［　　　］に
かいて、□に　こたえを　かきましょう。　　1つ20てん（60てん）

① ビンが　8こ、さとうが　3こ　あります。
どちらが　なんこ　おおいですか。

ビン

さとう　（○　　　　　　　　　　　　　　　　　　　）

こたえ　［　　　　　　　　　］が　［　　　］こ　おおい。

② ケーキが　6こ、クッキーが　2こ　あります。
どちらが　なんこ　おおいですか。

ケーキ

クッキー　（○　　　　　　　　　　　　　　　　　　）

こたえ　［　　　　　　　　　］が　［　　　］こ　おおい。

③ ほこりが　3びき、たぴおかが　10ぴき　います。
どちらが　なんびき　おおいですか。

ほこり

たぴおか　（○　　　　　　　　　　　　　　　　　　）

こたえ　［　　　　　　　　　］が　［　　　］ひき　おおい。

② もんだい文を よんで、しきと こたえを かきましょう。

① りんごが 8こ、みかんが 7こ あります。
どちらが なんこ おおいですか。

しき　$8 - 7 = 1$

こたえ　[　　　　　]　が　[　]　こ　おおい。

② プリンが 6こ、ヨーグルトが 4こ あります。
どちらが なんこ おおいですか。

しき　[　　　　　　　　　]

こたえ　[　　　　　]　が　[　]　こ　おおい。

③ 赤いふうせんが 3こ、青いふうせんが 9こ あります。
どちらが なんこ おおいですか。

しき　[　　　　　　　　　]

こたえ　[　　　　　]　が　[　]　こ　おおい。

④ 1年生が 7人、2年生が 10人 います。
どちらが なん人 おおいですか。

しき　[　　　　　　　　　]

こたえ　[　　　　　]　が　[　]　人　おおい。

ひきざん⑤

1 もんだい文を よんで、かずに あう ○を □に かいて、□に こたえを かきましょう。

1つ20てん（60てん）

① かいがらが 4こ、小石が 2こ あります。
どちらが なんこ すくないですか。

かいがら 🐚 🐚 🐚 🐚

小石 ◌ ◌

こたえ □ が □ こ すくない。

② ひとでが 9ひき、くまのみが 4ひき います。
どちらが なんびき すくないですか。

ひとで ☆ ☆ ☆ ☆ ☆ ☆ ☆ ☆ ☆

くまのみ

こたえ □ が □ ひき すくない。

③ さかなが 3びき、くらげが 7ひき います。
どちらが なんびき すくないですか。

さかな 🐟 🐟 🐟

くらげ

こたえ □ が □ ひき すくない。

② もんだい文を よんで、しきと こたえを かきましょう。

① チーズケーキが 5こ、チョコレートケーキが 3こ あります。
どちらが なんこ すくないですか。

しき　| 5 - 3 = 2 |

こたえ　[　　　　　　　　] が [　　] こ すくない。

② りんごが 4こ、みかんが 8こ あります。
どちらが なんこ すくないですか。

しき　[　　　　　　　　　　]

こたえ　[　　　　　　　　] が [　　] こ すくない。

③ 赤い花が 6本、白い花が 13本 さいて います。
どちらが なん本 すくないですか。

しき　[　　　　　　　　　　]

こたえ　[　　　　　　　　] が [　　] 本 すくない。

④ おとなが 15人、子どもが 9人 います。
どちらが なん人 すくないですか。

しき　[　　　　　　　　　　]

こたえ　[　　　　　　　　] が [　　] 人 すくない。

13 ひきざん⑥

1 もんだい文を　よんで、□に　こたえを
かきましょう。

1つ10てん(20てん)

① お花が　7本　あります。3人に　1本ずつ　くばると、
お花は　なん本　のこりますか。

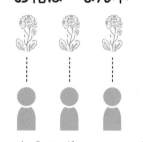

こたえ □ 本

② クローバーが　9本　あります。6人に　1本ずつ　くばると　クローバーは
なん本　のこりますか。

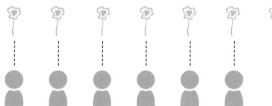

こたえ □ 本

2 もんだい文を　よんで、しきと　こたえを
かきましょう。

1つ15てん(30てん)

① みかんが　6こ　あります。4人に　1こずつ　くばると、
みかんは　なんこ　のこりますか。

しき 6 - 4 = 2　こたえ □ こ

② じてん車が　12だい　あります。8人が　ひとりずつ
のると　なんだい　あまりますか。

しき [　　　　　　　] こたえ □ だい

27

3 もんだい文を よんで、□に こたえを かきましょう。

① わた毛が 8本 あります。10人に 1本ずつ くばるには、わた毛は なん本 たりないですか。

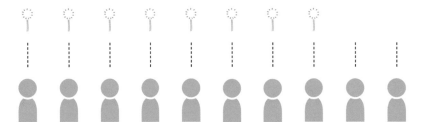

こたえ □ 本

② クローバーが 5本 あります。8人に 1本ずつ くばるには、クローバーは あと なん本 あれば よいですか。

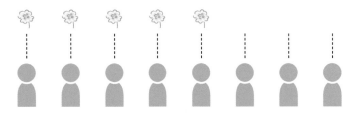

こたえ □ 本

4 もんだい文を よんで、しきと こたえを かきましょう。

① ドーナツが 7こ あります。12人に 1こずつ くばるには、ドーナツは なんこ たりないですか。

しき 12 - 7 = 5   こたえ □ こ

② 子どもが 6人 います。りんごを ひとりに 1こずつ くばろうと おもって いますが、りんごは 4こしか ありません。りんごは あと なんこ あれば よいですか。

しき □   こたえ □ こ

1 もんだい文を　よんで、かずに　あう　○を　◯に　かいて、□に　こたえを　かきましょう。

ケーキが　9こ、あめが　7こ　あります。
ケーキと　あめの　ちがいは　なんこですか。

ケーキ

あめ

こたえ □ こ

2 もんだい文を　よんで、しきと　こたえを　かきましょう。

① マカロンが　9こ　あります。6こ　たべると　のこりは　なんこですか。

しき □　　　　　こたえ □ こ

② クッキーが　16こ　あります。7こ　たべると　のこりは　なんこですか。

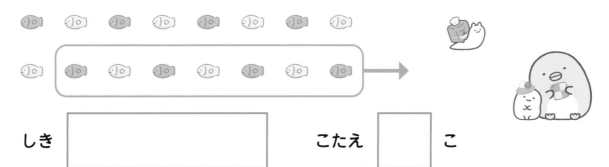

しき □　　　　　こたえ □ こ

③ もんだい文を　よんで、しきと　こたえを
かきましょう。

① いちごが　5こ、みかんが　7こ　あります。
　どちらが　なんこ　おおいですか。

しき ☐

こたえ ☐　が ☐ こ　おおい。

② 1年生が　16人、2年生が　8人　います。
　どちらが　なん人　すくないですか。

しき ☐

こたえ ☐　が ☐ 人　すくない。

③ けしゴムが　8こ　あります。6人に　1こずつ　くばると、
　けしゴムは　なんこ　のこりますか。

しき ☐　　こたえ ☐ こ

④ ケーキが　4こ　あります。13人に　1こずつ　くばるには、
　ケーキは　なんこ　足りないですか。

しき ☐　　こたえ ☐ こ

1 もんだい文を よんで、□に こたえを かきましょう。

1つ20てん（60てん）

れい ひとでが 2ひき います。そこへ 5ひき きました。
また、4ひき きました。ひとでは ぜんぶで なんびきですか。

 こたえ **11** ぴき

① まきがいが 7こ あります。そこへ 2こ もらいました。
さらに 3こ もらいました。まきがいは ぜんぶで なんこですか。

 こたえ □ こ

② たぴおかが 9ひき、さかなが 3びき います。
そこへ くらげが 7ひき きました。
ぜんぶで なんびきいますか。

 こたえ □ ひき

③ かいがらを 4こ もって います。そこへ 5こ もらいました。
さらに 11こ もらいました。かいがらは ぜんぶで なんこに
なりましたか。

  こたえ □ こ

② もんだい文を よんで、しきに あう かずの ○を
□ にかきましょう。

れい りんご 3こと 3こと 3こを あわせると 9こに なります。

しき ┃ 3 ┃ + ┃ 3 ┃ + ┃ 3 ┃ = ┃ 9 ┃   こたえ ┃ 9 ┃ こ

3こ   3こ   3こ

○○○ + ○○○ + ○○○

① どんぐり 6こと 3こと 2こを あわせると 11こに なります。

しき ┃ 6 ┃ + ┃ 3 ┃ + ┃ 2 ┃ = ┃ 11 ┃   こたえ ┃ 11 ┃ こ

6こ   3こ   2こ

② みかん 5こと 6こと 4こを あわせると 15こに なります。

しき ┃ 5 ┃ + ┃ 6 ┃ + ┃ 4 ┃ = ┃ 15 ┃   こたえ ┃ 15 ┃ こ

5こ   6こ   4こ

 + 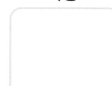 +

3つの かずの けいさん②

1 もんだい文を よんで、□に あてはまる すう字を かきましょう。　1つ20てん（40てん）

れい　ほうせきは あわせて なんこですか。

4こ　　　　2こ　　　　2こ

しき ┃ 4 ┃ + ┃ 2 ┃ + ┃ 2 ┃ = ┃ 8 ┃　　こたえ ┃ 8 ┃ こ

① たぴおかは あわせて なんびきですか。

3びき　　　　2ひき　　　　5ひき

しき ┃ 3 ┃ + ┃ 2 ┃ + ┃　┃ = ┃　┃　　こたえ ┃　┃ ぴき

② ほうせきは あわせて なんこですか。

6こ　　　　2こ　　　　6こ

しき ┃　┃ + ┃　┃ + ┃　┃ = ┃　┃　　こたえ ┃　┃ こ

② もんだい文を よんで、しきと こたえを かきましょう。

れい りんごが 3こ あります。そこへ 4こ もらいました。
さらに 1こ もらいました。りんごは ぜんぶで なんこに
なりましたか。

しき $3 + 4 + 1 = 8$ こたえ 8 こ

① 小とりが 5わ います。そこへ 3わ とんで きました。
さらに 2わ とんで きました。
小とりは ぜんぶで なんわに なりましたか。

しき 　　　　　　　　　　　　　　こたえ □ わ

② こうえんに 子どもが 4人 います。そこへ 8人 きました。
さらに 6人 きました。こうえんに いる こどもは なん人に
なりましたか。

しき 　　　　　　　　　　　　　　こたえ □ 人

③ バスに おきゃくさんが 12人 のって います。そこへ 4人 のって
きました。さらに 3人 のって きました。バスに のって いる
おきゃくさんは ぜんぶで なん人に なりましたか。

しき 　　　　　　　　　　　　　　こたえ □ 人

17 3つの かずの けいさん③

1 もんだい文を よんで、□に こたえを
かきましょう。

1つ20てん(60てん)

れい　いなりずしが 5こ あります。2こ たべました。また 1こ
たべました。いなりずしは なんこに なりましたか。

こたえ　**2**　こ

① おすしが 10こ あります。きのう、3こ たべました。
きょうは 4こ たべました。おすしは なんこ のこって いますか。

こたえ　□　こ

② たぴおかが 12ひき います。4ひき いなく なりました。
そのあと 5ひき いなく なりました。のこって いる たぴおかは
なんびきに なりましたか。

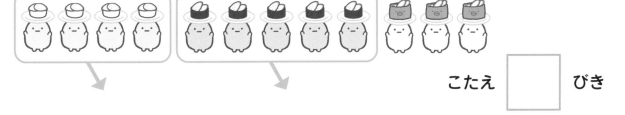

こたえ　□　びき

③ おさらを 18まい もって います。5まい つかって、7まい
ともだちに あげました。のこって いる おさらは なんまいですか。

こたえ　□　まい

2 もんだい文を　よんで、□に　あてはまる　すう字を
かきましょう。

れい　おすしが　8こ　あります。4こ　ともだちに　あげました。
さらに　2こ　あげました。おすしは　なんこ　のこって　いますか。

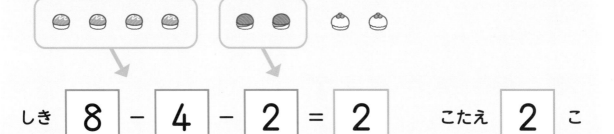

しき　8 － 4 － 2 ＝ 2　　こたえ　2　こ

① ゆのみが　10こ　あります。5こ　つかいました。さらに　4こ
つかいました。ゆのみは　なんこ　のこって　いますか。

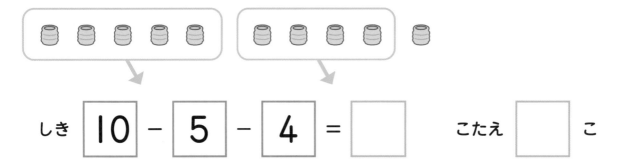

しき　10 － 5 － 4 ＝ □　　こたえ　□　こ

② わさびが　16本　あります。7本　つかいました。さらに　3本
つかいました。わさびは　なん本　のこって　いますか。

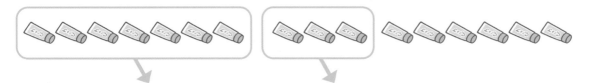

しき　16 － 7 － 3 ＝ □　　こたえ　□　本

18 3つの かずの けいさん④

月 日

てん

できたね シール

1 もんだい文を よんで、しきと こたえを かきましょう。

1つ20てん（40てん）

れい ケーキが 8こ あります。きのう 2こ たべました。
きょうは 3こ たべました。ケーキは なんこ のこって いますか。

しき | 8 − 2 − 3 ＝ 3 | こたえ | 3 | こ

① こうちゃが 6はい あります。きのう 1ぱい のみました。
きょうは 3ばい のみました。こうちゃは なんはい のこって いますか。

しき | | こたえ | | はい

② ソーダが 10ぱい あります。きのう 2はい のみました。
きょうは 6ぱい のみました。ソーダは なんばい のこって いますか。

しき | | こたえ | | はい

2 もんだい文を　よんで、しきと　こたえを
かきましょう。

れい　ドーナツが　7こ　あります。4こ　たべました。いもうとに　1こ
あげました。ドーナツは　なんこ　のこって　いますか。

しき　$7 - 4 - 1 = 2$　　　　こたえ　2　こ

① 小とりが　9わ　います。2わ　とんで　いきました。そのあと、
3わ　とんで　いきました。小とりは　なんわ　のこって　いますか。

しき　　　　　　　　　　　　　　　　　　　こたえ　　　　わ

② シールが　7まい　あります。4まい　つかいました。2まいは　ともだちに
あげました。シールは　なんまい　のこって　いますか。

しき　　　　　　　　　　　　　　　　　こたえ　　　　まい

③ バスに　おきゃくさんが　11人　のって　います。バスていで　3人
おりました。つぎの　バスていで　5人　おりました。おきゃくさんは
なん人　のこって　いますか。

しき　　　　　　　　　　　　　　　こたえ　　　　人

19 3つの かずの けいさん⑤

1 もんだい文を よんで、しきと こたえを かきましょう。

1つ20てん（40てん）

れい アイスが 3こ あります。そこへ 2こ もらいました。
そして、4こ たべました。アイスは なんこ のこって いますか。

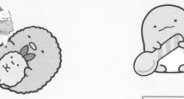

しき　$3 + 2 - 4 = 1$　　　こたえ　1　こ

① アイスが 7こ あります。そこへ 1こ もらいました。
そして、3こ たべました。アイスは なんこ のこって いますか。

しき　　　　　　　　　　　　　　こたえ　　　　こ

② アイスが 4こ あります。そこへ 6こ もらいました。
そして、3こ たべました。アイスは なんこ のこって いますか。

しき　　　　　　　　　　　　　　こたえ　　　　こ

② もんだい文を よんで、しきと こたえを かきましょう。

れい ドーナツが 5こ あります。そこへ 3こ もらいました。
そして、2こ たべました。ドーナツは なんこ のこって いますか。

しき $5 + 3 - 2 = 6$ こたえ 6 こ

① 小とりが 2わ います。そこへ 7わ とんで きました。
そして、4わ とんで いきました。小とりは なんわ のこって いますか。

しき ⬚   こたえ ⬚ わ

② こうえんで こどもが 7人 あそんで います。そこへ 3人 きました。
そのあと、6人 かえりました。こどもは なん人 のこって いますか。

しき ⬚   こたえ ⬚ 人

③ バスに おきゃくさんが 4人 のって います。
バスていで 5人 のって きて、3人 おりました。
のって いる おきゃくさんは なん人ですか。

しき ⬚   こたえ ⬚ 人

月 日

てん

できたね シール

1 もんだい文を よんで、しきと こたえを かきましょう。

1つ20てん（40てん）

れい クロワッサンが 6こ あります。4こ たべました。そのあと、3こ もらいました。クロワッサンは なんこに なりましたか。

しき **6 − 4 + 3 = 5**　　こたえ **5** こ

① メロンパンが 8こ あります。2こ たべました。そのあと、3こ もらいました。メロンパンは なんこに なりましたか。

しき ＿＿＿＿＿＿＿＿＿　　こたえ □ こ

② クリームパンが 4こ あります。3こ たべました。そのあと、7こ もらいました。クリームパンは なんこに なりましたか。

しき ＿＿＿＿＿＿＿＿＿　　こたえ □ こ

2 もんだい文を　よんで、しきと　こたえを
かきましょう。

> **れい**　クッキーが　4こ　あります。2こ　たべました。そのあと
> 5こ　もらいました。クッキーは　なんこに　なりましたか。
>
> しき　| 4 − 2 + 5 = 7 |　　　こたえ　| 7 | こ

① いろがみが　7まい　あります。6まい　つかいました。そのあと、
8まい　もらいました。いろがみは　なんまいに　なりましたか。

しき　|　　　　　　　　　　　　|　　　こたえ　|　　| まい

② 小とりが　10わ　います。7わ　とんで　いきました。そのあと
6わ　とんで　きました。小とりは　なんわに　なりましたか。

しき　|　　　　　　　　　　　　|　　　こたえ　|　　| わ

③ こうえんで　子どもが　9人　あそんで　います。
6人　かえって、4人　きました。
こどもは　なん人に　なりましたか。

しき　|　　　　　　　　　　　　|　　　こたえ　|　　| 人

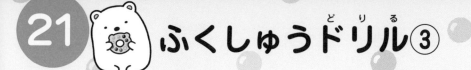 ふくしゅうドリル③

1 もんだい文を　よんで、しきと　こたえを
かきましょう。

① おせんべい　2ことと　3ことと　4こを　あわせると　なんこに　なりますか。

しき　[　　　　　　　　　　　　]　　こたえ　[　　]こ

② ドーナツが　5こ　あります。そこへ　4こ　もらいました。
そして、6こ　たべました。ドーナツは　なんこ　のこって　いますか。

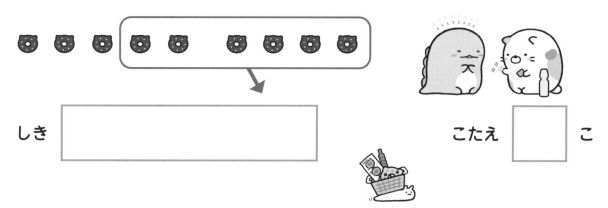

しき　[　　　　　　　　　　　　]　　こたえ　[　　]こ

③ ラムネが　10本　あります。8本　のみました。そのあと、
7本　もらいました。ラムネは　なん本に　なりましたか。

しき　[　　　　　　　　　　　　]　　こたえ　[　　]本

② もんだい文を　よんで、しきと　こたえを　かきましょう。

① こうえんに　子どもが　3人　います。そこへ　6人　きました。さらに
4人　きました。こうえんに　いる　子どもは　なん人に　なりましたか。

しき　　　　　　　　　　　　　　　　　　　　こたえ　　　　人

② ドーナツが　9こ　あります。4こ　たべました。そのあと　3こ
たべました。ドーナツは　なんこ　のこって　いますか。

しき　　　　　　　　　　　　　　　　　　　　こたえ　　　　こ

③ 小とりが　3わ　います。そこへ　6わ　とんで　きました。そして、
4わ　とんで　いってしまいました。小とりは　なんわ　のこって　いますか。

しき　　　　　　　　　　　　　　　　　　　　こたえ　　　　わ

④ バスに　おきゃくさんが　5人　のって　います。
バスていで　4人　おりて、8人　のって　きました。
のって　いる　おきゃくさんは　なん人ですか。

しき　　　　　　　　　　　　　　　　　　　　こたえ　　　　人

すみっコアイスクリーム

22 大きな かずの けいさん①

月 日 / てん / できたね シール

1 もんだい文を よんで、□に あてはまる すう字を かきましょう。

1つ20てん（40てん）

> **れい** 赤いいろがみが 10まい、青いいろがみが 20まい あります。あわせて なんまい ありますか。
>
> 赤いいろがみ　　　　青いいろがみ
>
> | 10 | | 10 | 10 |
>
>
>
> しき | 10 | + | 20 | = | 30 |　　こたえ | 30 | まい

① 赤えんぴつが 30本、青えんぴつが 40本 あります。
あわせて なん本 ありますか。

赤えんぴつ　　　　　　青えんぴつ

しき [　] + [　] = [　]　　こたえ [　] 本

② 40円の あめと、60円の ドーナツを かいました。
あわせて いくらに なりますか。

40円　　60円

しき [　] + [　] = [　]　　こたえ [　] 円

② もんだい文を よんで、しきと こたえを かきましょう。

れい 赤いふうせんが 20こ、青いふうせんが 30こ あります。
あわせて なんこ ありますか。

しき **20 + 30 = 50**　　　こたえ **50** こ

① にわとりが 20わ、ひよこが 60わ います。
あわせて なんわ いますか。

しき ［　　　　　　　　］　　　こたえ ［　　］ わ

② いろがみを 50まい もって います。そこへ 40まい
もらいました。いろがみは あわせて なんまいに なりましたか。

しき ［　　　　　　　　］　　　こたえ ［　　］ まい

③ でん車に おきゃくさんが 40人 のって います。
つぎの えきで 20人 のって きました。のって いる
おきゃくさんは ぜんぶで なん人 いますか。

しき ［　　　　　　　　］　　　こたえ ［　　］ 人

月 日 てん

てきたね シール

1 もんだい文を よんで、□に あてはまる すう字を かきましょう。 　1つ10てん(40てん)

① いろがみが 22まい あります。そこへ 7まい もらいました。
いろがみは ぜんぶで なんまいに なりましたか。

しき **22** + **7** = □　　こたえ □ まい

② カードを 43まい もって います。ともだちから 5まい もらいました。
カードは あわせて なんまいに なりましたか。

しき □ + □ = □　　こたえ □ まい

③ 1ふくろに 12こ 入って いる あめと、1ふくろに 8こ 入って
いる あめが あります。あめは ぜんぶで なんこ ありますか。

しき □ + □ = □　　こたえ □ こ

④ 校ていで 72人 あそんで います。そこへ 9人 きました。
校ていで あそんで いるのは なん人に なりましたか。

しき □ + □ = □　　こたえ □ 人

2 もんだい文を　よんで、しきと　こたえを
かきましょう。

① すずめが　21わ　います。そこへ　8わ　とんで　きました。
すずめは　ぜんぶで　なんわに　なりましたか。

しき　$21 + 8 = 29$　　こたえ　☐　わ

② 本を　18さつ　もって　います。あたらしく　4さつ　かいました。
本は　ぜんぶで　なんさつに　なりましたか。

しき　☐　こたえ　☐　さつ

③ 16まい入りの　いろがみと、10まい入りの　いろがみが　あります。
いろがみは　ぜんぶで　なんまい　ありますか。

しき　☐　こたえ　☐　まい

④ バスに　おきゃくさんが　22人　のって　います。
バスていで　8人　のって　きました。のって　いる
おきゃくさんは　なん人に　なりましたか。

しき　☐　こたえ　☐　人

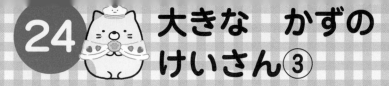

1 もんだい文を よんで、□に あてはまる すう字を かきましょう。

1つ15てん（60てん）

① いろがみが 30まい あります。10まい つかうと のこりは なんまいですか。

しき 30 − 10 = □　　こたえ □ まい

② でん車に おきゃくさんが 90人 のって います。つぎの えきで 20人 おりました。おきゃくさんは なん人 のこって いますか。

しき □ − □ = □　　こたえ □ 人

③ えんぴつが 80本 あります。40人に 1本ずつ くばると、のこりは なん本ですか。

しき □ − □ = □　　こたえ □ 本

④ クッキーが 50こ あります。60人に 1こずつ くばるには なんこ たりないですか。

しき □ − □ = □　　こたえ □ こ

② もんだい文を　よんで、しきと　こたえを　かきましょう。

① シールが　40まい　あります。30まい　つかうと　のこりは　なんまいですか。

しき　| 40 − 30 ＝ 10 |　　　こたえ　□　まい

② 80ページの　本が　あります。20ページ　よみました。のこりは　なんページですか。

しき　| |　　　こたえ　□　ページ

③ いろがみが　100まい　あります。70人に　1まいずつ　くばると　のこりは　なんまいですか。

しき　| |　　　こたえ　□　まい

④ あめが　50こ　あります。80人に　1こずつ　くばるには　なんこ　たりないですか。

しき　| |　　　こたえ　□　こ

月　日

てん

できたね
シール

1 もんだい文を　よんで、□に　あてはまる　すう字を
かきましょう。　　　1つ15てん（60てん）

① いろがみが　38まい　あります。6まい　つかうと
のこりは　なんまいですか。

しき　| 38 | − | 6 | = | □ |　　　こたえ　□　まい

② 小とりが　27わ　います。5わ　とんで　いきました。
のこりは　なんわですか。

しき　□ − □ = □　　　こたえ　□　わ

③ 100ページ　ある　ドリルを　7ページ　おわらせました。
のこりは　なんページ　ありますか。

しき　□ − □ = □　　　こたえ　□　ページ

④ きょうしつに　31人　います。8人　かえりました。
きょうしつに　のこって　いるのは　なん人ですか。

しき　□ − □ = □　　　こたえ　□　人

② もんだい文を　よんで、しきと　こたえを
かきましょう。

① シールが　49まい　あります。6まい　つかうと
のこりは　なんまいですか。

しき　| 49 - 6 = 43 |　　　こたえ　| | まい

② バスに　おきゃくさんが　26人　のって　います。
6人　おりると、のって　いる　おきゃくさんは　なん人に　なりますか。

しき　| |　　　こたえ　| | 人

③ 88ページの　本が　あります。9ページ　よみました。
のこりは　なんページですか。

しき　| |　　　こたえ　| | ページ

④ いろがみを　22まい　もって　います。
7人に　1まいずつ　くばると　なんまい　のこりますか。

しき　| |　　　こたえ　| | まい

26 大きな かずの けいさん⑤

1 もんだい文を よんで、しきと こたえを かきましょう。

1つ20てん（40てん）

> れい　りんごが 70こ、みかんが 50こ あります。
> どちらが なんこ おおいですか。

しき　$70 - 50 = 20$

こたえ　りんご　が　20　こ おおい。

① 1年生が 60人、2年生が 100人 います。
どちらが なん人 おおいですか。

しき

こたえ　　　　　　　　　が　　　人 おおい。

② 赤えんぴつが 39本、青えんぴつが 7本 あります。
どちらが なん本 おおいですか。

しき

こたえ　　　　　　　　　が　　　本 おおい。

2 もんだい文を よんで、しきと こたえを かきましょう。

① りんごが 80こ、みかんが 90こ あります。
どちらが なんこ すくないですか。

しき | $90 - 80 = 10$

こたえ [　　　　　　] が [　　] こ すくない。

② 赤いいろがみが 30まい、青いいろがみが 60まい あります。
どちらが なんまい すくないですか。

しき [　　　　　　　　　]

こたえ [　　　　　　] が [　　] まい すくない。

③ にわとりが 39わ、ひよこが 7わ います。
どちらが なんわ すくないですか。

しき [　　　　　　　　　]

こたえ [　　　　　　] が [　　] わ すくない。

④ おとなが 7人、子どもが 32人 います。
どちらが なん人 すくないですか。

しき [　　　　　　　　　]

こたえ [　　　　　　] が [　　] 人 すくない。

月 日
てん
できたね シール

1 もんだい文を よんで、□に あてはまる すう字を
かきましょう。

1つ10てん(40てん)

① 赤えんぴつが 50本、青えんぴつが 40本あります。
あわせて なん本 ありますか。

しき □ ＋ □ ＝ □ 　　　こたえ □ 本

② きょうしつで 35人 あそんで います。そこへ 7人 きました。
きょうしつで あそんで いるのは なん人に なりますか。

しき □ ＋ □ ＝ □ 　　　こたえ □ 人

③ あめが 70こ あります。40人に 1こずつ くばると、
のこりは なんこですか。

しき □ － □ ＝ □ 　　　こたえ □ こ

④ 小とりが 32わ います。8わ とんで いきました。
のこりは なんわですか。

しき □ － □ ＝ □ 　　　こたえ □ わ

❷ もんだい文を　よんで、しきと　こたえを
かきましょう。

① でん車に　おきゃくさんが　65人　のって　います。
つぎの　えきで　8人　のって　きました。のって　いる
おきゃくさんは　なん人に　なりましたか。

しき　☐　　　　　　　　　　こたえ　☐人

② いろがみが　42まい　あります。9人に　1まいずつ
くばると　のこりは　なんまいですか。

しき　☐　　　　　　　　　　こたえ　☐まい

③ りんごが　8こ、みかんが　45こ　あります。
どちらが　なんこ　おおいですか。

しき　☐

こたえ　☐　が　☐こ　おおい。

④ プリンが　24こ、ドーナツが　7こ　あります。
どちらが　なんこ　すくないですか。

しき　☐

こたえ　☐　が　☐こ　すくない。

56

月 日

てん

できたね
シール

1 もんだい文を　よんで、こたえを　かきましょう。

1つ10てん（40てん）

① まえから　4ひきを　◯で　かこみましょう。

まえ　 　うしろ

② うしろから　3びきめの　たぴおかを　◯で　かこみましょう。

まえ　 　うしろ

③ ひだりから　6こめまでの　おにくを
　すべて　◯で　かこみましょう。

ひだり　 　みぎ

④ みぎから　7本めの　ほねを　◯で　かこみましょう。

ひだり　 　みぎ

② もんだい文を よんで、下の えに あう こたえを かきましょう。

ひだり

ぺんぎん？　　しろくま　　とかげ　　ねこ　　とんかつ　　みぎ

① しろくまは ひだりから なんばんめですか。

こたえ ☐ ばんめ

② とかげは みぎから なんばんめですか。

こたえ ☐ ばんめ

③ ひだりから 5ばんめの すみっコは だれですか。

こたえ ☐

④ しろくまの つぎから みぎに かぞえて
　2ばんめの すみっコ は だれですか。

こたえ ☐

月 日

てん

できたね シール

1 もんだい文を よんで、こたえを かきましょう。

1つ10てん(40てん)

① うしろから 3びきを ◯で かこみましょう。

② まえから 4ひきめの たぴおかを ◯で かこみましょう。

うしろ

まえ

うしろ

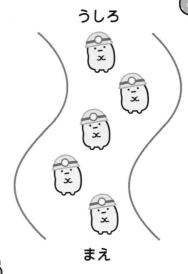

まえ

③ みぎから 3こを ◯で かこみましょう。

ひだり

みぎ

④ ひだりから 9ばんめの ほうせきを ◯で かこみましょう。

ひだり

みぎ

② もんだい文を よんで、下の えに あう こたえを かきましょう。

① しろくまは うえから
なんばんめですか。

こたえ ☐ ばんめ

② ねこは したから
なんばんめですか。

こたえ ☐ ばんめ

うえ

した

③ したから 4ばんめの すみっコは だれですか。

こたえ ☐

④ とかげの つぎから したに かぞえて
4ばんめの すみっコは だれですか。

こたえ ☐

ならびかた③

月　日
てん

1 もんだい文を　よんで、しきと　こたえを
かきましょう。

1つ25てん（50てん）

① すみっコが　1れつに　ならんで　います。
しろくまの　ひだりに　2ひき　います。
しろくまは　ひだりから　なんばんめですか。

ひだり   みぎ

しき

こたえ　　　ばんめ

② 子どもが　1れつに　ならんで　います。
あこさんの　まえに　4人　います。
あこさんは　まえから　なんばんめですか。

しき

こたえ　　　ばんめ

2 もんだい文を よんで、しきと こたえを かきましょう。

① すみっコたちが 1れつに ならんで います。
とんかつは みぎから 3ばんめで ひだりに 4ひき います。
すみっコたちは ぜんぶで なんびき いますか。

ひだり   みぎ

しき　$3 + 4 = 7$

こたえ □ ひき

② ゆりさんの まえに 3人 ならんで います。
うしろには 4人 ならんで います。
ぜんぶで なん人 ならんで いますか。

しき

こたえ □ 人

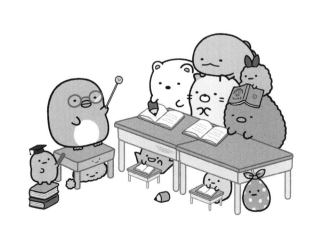

31 ならびかた④

月　日

てん

できたね　シール

1 もんだい文を　よんで、しきと　こたえを
かきましょう。

1つ25てん（50てん）

① くだものが　7こ　あります。さくらんぼは　ひだりから　4ばんめです。
さくらんぼの　ひだりには　なんこ　ありますか。

ひだり　　　　　　　　　　　　　　　　　　　　　　　　みぎ

しき　　| 4 − 1 = 3 |

こたえ　□　こ

② 子どもが　1れつに　ならんで　います。
そうたさんは　まえから　7ばんめです。
そうたさんの　まえには　なん人　いますか。

しき　| |

こたえ　□　人

② もんだい文を よんで、しきと こたえを かきましょう。

① 7ひきの すみっコたちが 1れつに ならんで います。
とんかつの ひだりには 4ひきの すみっコが います。
とんかつは みぎから なんばんめですか。

ひだり   みぎ

しき | $7 - 4 = 3$ |

こたえ ☐ ばんめ

② 本が 9さつ ならんで います。ずかんの みぎには
2さつの 本が あります。ずかんの ひだりには
本が なんさつ ありますか。

しき | |

こたえ ☐ さつ

1 もんだい文を よんで、こたえを かきましょう。 `1つ10てん（20てん）`

① みぎから 6こを ◯で かこみましょう。

ひだり   みぎ

② ひだりから 7ばんめの ぬいぐるみを ◯で かこみましょう。

ひだり   みぎ

2 もんだい文を よんで、下の えに あう こたえを `1つ10てん（20てん）` かきましょう。

ひだり       みぎ

① とんかつは みぎから なんばんめですか。

こたえ ⬜ ばんめ

② ひだりから 3ばんめの すみっコは だれですか。

こたえ ⬜

③ もんだい文を　よんで、しきと　こたえを
かきましょう。

① 子どもが　1れつに　ならんで　います。
あきらさんの　まえに　8人　います。
あきらさんは　まえから　なんばんめですか。

しき

こたえ　☐　ばんめ

② 子どもが　1れつに　ならんで　います。
たけしさんは　まえから　4ばんめです。
たけしさんの　まえに　なん人　いますか。

しき

こたえ　☐　人

③ 本が　8さつ　ならんで　います。
じしょの　ひだりには　6さつの　本が　あります。
じしょの　みぎには　本が　なんさつ　ありますか。

しき

こたえ　☐　さつ

1 もんだい文を よんで、□に あてはまる すう字を かきましょう。 1つ10てん（40てん）

① おにぎりが 3ことと 2こ あります。あわせて なんこですか。

こたえ ☐ こ

② はたが 6本 あります。4本 つかうと のこりは なん本ですか。

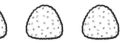

こたえ ☐ 本

③ ソースが 5本と 4本 あります。あわせて なんこですか。

しき ☐ ＋ ☐ ＝ ☐ こたえ ☐ 本

④ きゅうりが 10本 あります。2本 たべると のこりは なん本ですか。

しき ☐ － ☐ ＝ ☐ こたえ ☐ 本

② もんだい文を　よんで、しきと　こたえを　かきましょう。

① いろがみが　5まいと　4まい　あります。
いろがみは　ぜんぶで　なんまい　ありますか。

しき [　　　　　　　　　]　　こたえ [　　] まい

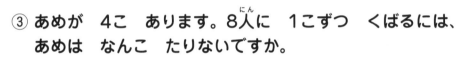

② ふうせんが　8こ　あります。5人に　1こずつ　くばると、
ふうせんは　なんこ　のこりますか。

しき [　　　　　　　　　]　　こたえ [　　] こ

③ あめが　4こ　あります。8人に　1こずつ　くばるには、
あめは　なんこ　たりないですか。

しき [　　　　　　　　　]　　こたえ [　　] こ

④ えんぴつが　2本　あります。ペンは　えんぴつより
6本　おおいそうです。ペンは　なん本　ありますか。

しき [　　　　　　　　　]　　こたえ [　　] 本

 まとめの テスト②

1 もんだい文を よんで、しきと こたえを
かきましょう。

1つ10てん(40てん)

① きょうしつに 子どもが 4人 います。そこへ 3人 きました。
さらに 4人 きました。きょうしつに いる 子どもは
なん人に なりましたか。

しき ⬜

こたえ ⬜ 人

② チョコレートが 8こ あります。3こ たべました。
4こは ともだちに くばりました。
チョコレートは なんこ のこって いますか。

しき ⬜

こたえ ⬜ こ

③ あめが 4こ あります。あとで 5こ もらいました。
そして、2こ たべました。
あめは なんこ のこって いますか。

しき ⬜

こたえ ⬜ こ

④ バスに おきゃくさんが 6人 のって います。
バスていで 5人 おりて、7人 のって きました。
のって いる おきゃくさんは なん人ですか。

しき ⬜

こたえ ⬜ 人

2 もんだい文を よんで、しきと こたえを
かきましょう。

① でん車に おきゃくさんが 74人 のって います。
つぎの えきで 7人 のって きました。
のって いる おきゃくさんは なん人に なりましたか。

しき ⬜︎　　　　　　こたえ ⬜︎ 人

② いろがみが 54まい あります。
8まい つかうと のこりは なんまいですか。

しき ⬜︎　　　　　　こたえ ⬜︎ まい

③ りんごが 9こ、みかんが 38こ あります。
どちらが なんこ おおいですか。

しき ⬜︎

こたえ ⬜︎ が ⬜︎ こ おおい。

④ えんぴつが 16本、ボールペンが 9本 あります。
どちらが なん本 すくないですか。

しき ⬜︎

こたえ ⬜︎ が ⬜︎ 本 すくない。

1 もんだい文を よんで、下の えに あう こたえを
かきましょう。　1つ10てん（40てん）

ひだり   みぎ

① しろくまは ひだりから なんばんめですか。

こたえ 〔　　〕ばんめ

② ねこは みぎから なんばんめですか。

こたえ 〔　　〕ばんめ

③ みぎから 3ばんめの すみっコは だれですか。

こたえ 〔　　　　　〕

④ ひだりから 4ばんめの すみっコは だれですか。

こたえ 〔　　　　　〕

② もんだい文を　よんで、しきと　こたえを
かきましょう。

① 子どもが　1れつに　ならんで　います。
ゆうたさんの　まえに　9人　います。
ゆうたさんは　まえから　なんばんめですか。

しき

こたえ 　　　　　 ばんめ

② 子どもが　1れつに　ならんで　います。みどりさんは　まえから
8ばんめです。みどりさんの　うしろには　3人　ならんで　います。
子どもは　ぜんぶで　なん人　いますか。

しき

こたえ 　　　　　 人

③ 本が　25さつ　ならんで　います。
じしょの　みぎには　9さつの　本が　あります。
じしょは　ひだりから　なんばんめですか。

しき

こたえ 　　　　　 ばんめ

こたえあわせ

1　たしざん①　3・4ページ

1　①6　②7　③5　④7

2　①5　②6　③7　④9　⑤10

2　たしざん②　5・6ページ

1　①

6こ　　2こ

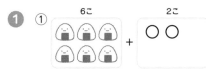

②

7こ　　3こ

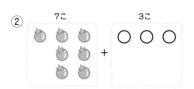

2　①2・6・6
②6・7・7
③3・8・8
④2・8・10・10

3　たしざん③　7・8ページ

1　①4・4・8・8
②5・4・9・9

2　①3+4=7
②2+7=9
③6+2=8
④4+4=8
⑤5+5=10

4　たしざん④　9・10ページ

1　①（しき）4+3=7　　（こたえ）7こ

※式のこの部分は省略してもかまいません。
学校で習ったやり方に合わせてください。

②（しき）2+6=8　　（こたえ）8ぴき
③（しき）2+4=6　　（こたえ）6本
④（しき）4+0=4　　（こたえ）4こ

2　①（しき）6+3=9　　（こたえ）9こ
②（しき）3+5=8　　（こたえ）8人
③（しき）3+7=10　（こたえ）10本
④（しき）4+2=6　　（こたえ）6こ
⑤（しき）5+2=7　　（こたえ）7わ
⑥（しき）0+8=8　　（こたえ）8まい

5　たしざん⑤　11・12ページ

1　①（しき）10+4=14　（こたえ）14こ
②（しき）13+5=18　（こたえ）18こ
③（しき）12+7=19　（こたえ）19こ
④（しき）3+14=17　（こたえ）17こ

2　①（しき）6+10=16　（こたえ）16こ
②（しき）12+8=20　（こたえ）20人
③（しき）6+14=20　（こたえ）20さつ
④（しき）6+11=17　（こたえ）17ひき
⑤（しき）15+4=19　（こたえ）19人
⑥（しき）7+12=19　（こたえ）19こ

※文章にある「あわせて」や「ぜんぶで」を意識する
ように声がけしましょう。また、式を書くときに使
う「+」や「=」もしっかりと書けているか確認し
てください。

1 ①

ポット

コップ ○○○○○○

（こたえ）6こ

②

たぴおか 🍙🍙🍙🍙🍙🍙

ほこり ○○○○○○○○○○

（こたえ）10ぴき

③

ちらし 📄📄📄

メニュー ○○○○○○○○

（こたえ）8まい

2 ①（しき）3+2=5　　（こたえ）5こ

② （しき）8+2=10　　（こたえ）10ぴき

③ （しき）10+7=17　　（こたえ）17人

④ （しき）12+8=20　　（こたえ）20本

※最初のうちは、読んだ文章を絵に描くようにすると
　よいでしょう。慣れてきたら、頭の中で思い描くだ
　けで式が立てられます。文章中で「何びきです
　か。」と聞かれていても、答えは「○ひき（ぴ
　き）」となる場合があります。助数詞は子どもには
　むずかしいですが、最後のページの数え方の表を参
　考に確認してみてください。

 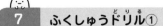
1 ①8　②10

2 4・3・7・7

3 （しき）5+4=9

4 ①（しき）5+3=8　　（こたえ）8人

② （しき）6+12=18　　（こたえ）18人

③ （しき）7+5=12　　（こたえ）12こ

1 ①2　②3　③5　④3

2 ①

たぴおか 🍙🍙🍙🍙🍙🍙🍙

ほこり ○○○

（こたえ）4ひき

②

キャンディー 🍭🍭🍭🍭🍭🍭🍭🍭🍭🍭

えんぴつ ○○○○○○○

（こたえ）3本

1 ①3・3

②4・4

2 ①7・4・3・3

②8・7・1・1

③10・2・8・8

1
① （しき）9−7=2　　（こたえ）2はい
② （しき）12−4=8　　（こたえ）8こ
③ （しき）10−0=10　　（こたえ）10こ

2
① （しき）11−3=8　　（こたえ）8こ
② （しき）15−5=10　　（こたえ）10まい
③ （しき）10−7=3　　（こたえ）3人
④ （しき）9−0=9　　（こたえ）9まい

1
①
ビン
さとう 〇〇〇

（こたえ）ビンが　5こ　おおい。

②
ケーキ
クッキー 〇〇

（こたえ）ケーキが　4こ　おおい。

③
ほこり
たぴおか 〇〇〇〇〇〇〇〇〇〇

（こたえ）たぴおかが　7ひき　おおい。

※ふりがなはなくてもかまいません。

2
① （しき）8−7=1
　（こたえ）りんごが　1こ　おおい。
② （しき）6−4=2
　（こたえ）プリンが　2こ　おおい。
③ （しき）9−3=6
　（こたえ）青いふうせんが　6こ　おおい。
④ （しき）10−7=3
　（こたえ）2年生が　3人　おおい。

※ふりがなはなくてもかまいません。

1
①
かいがら ♡♡♡
小石 〇〇

（こたえ）小石が　2こ　すくない。

②
ひとで ☆☆☆☆☆☆☆
くまのみ 〇〇〇〇

（こたえ）くまのみが　5ひき　すくない。

③
さかな
くらげ 〇〇〇〇〇〇〇

（こたえ）さかなが　4ひき　すくない。

※ふりがなはなくてもかまいません。

2
① （しき）5−3=2
　（こたえ）チョコレートケーキが
　　　　　　2こ　すくない。
② （しき）8−4=4
　（こたえ）りんごが　4こ　すくない。
③ （しき）13−6=7
　（こたえ）赤い花が　7本　すくない。
④ （しき）15−9=6
　（こたえ）子どもが　6人　すくない。

※ふりがなはなくてもかまいません。

※ひき算の文章題は「のこりはいくつ」「ちがいはいくつ」という聞き方が多いです。どんな時にたし算の式でどんな言葉が出てきたらひき算の式になるのか、子どもと確認してみましょう。また、ひき算では、どちらがどれだけ多いかなどの差を聞く問題も多いです。「どちらが」「どれだけ」「どうなっている」を言葉にしてみるとよいかもしれません。

13 ひきざん⑥ 27・28ページ

1　①4　②3

2　①（しき）6−4=2　　（こたえ）2こ
　　②（しき）12−8=4　　（こたえ）4だい

3　①2　②3

4　①（しき）12−7=5　　（こたえ）5こ
　　②（しき）6−4=2　　（こたえ）2こ

14 ふくしゅうドリル② 29・30ページ

1　①ケーキ
　　あめ　○○○○○○○
　　　　（こたえ）2こ

2　①（しき）9−6=3　　（こたえ）3こ
　　②（しき）16−7=9　　（こたえ）9こ

3　①（しき）7−5=2
　　　（こたえ）みかんが　2こ　おおい。
　　②（しき）16−8=8
　　　（こたえ）2年生が　8人　すくない。
　　③（しき）8−6=2
　　　（こたえ）2こ
　　④（しき）13−4=9
　　　（こたえ）9こ

※ふりがなはなくてもかまいません。

15 3つの　かずの　けいさん① 31・32ページ

1　①12　②19　③20

2　①
　　6こ　　　3こ　　　2こ
　　○○○　＋　○○○　＋　○○
　　○○○

　　②
　　5こ　　　6こ　　　4こ
　　○○○　＋　○○○　＋　○○
　　○○　　　○○○　　　○○

16 3つの　かずの　けいさん② 33・34ページ

1　①5・10・10
　　②6・2・6・14・14

2　①（しき）5+3+2=10　（こたえ）10わ
　　②（しき）4+8+6=18　（こたえ）18人
　　③（しき）12+4+3=19　（こたえ）19人

17 3つの　かずの　けいさん③ 35・36ページ

1　①3　②3　③6

2　①1・1
　　②6・6

18 3つの　かずの　けいさん④ 37・38ページ

1　①（しき）6−1−3=2
　　　（こたえ）2はい
　　②（しき）10−2−6=2
　　　（こたえ）2はい

2　①（しき）9−2−3=4
　　　（こたえ）4わ
　　②（しき）7−4−2=1
　　　（こたえ）1まい
　　③（しき）11−3−5=3
　　　（こたえ）3人

19　3つの　かずの　けいさん⑤
39・40ページ

1　① （しき） 7+1-3=5
　　　（こたえ） 5こ

　② （しき） 4+6-3=7
　　　（こたえ） 7こ

2　① （しき） 2+7-4=5
　　　（こたえ） 5わ

　② （しき） 7+3-6=4
　　　（こたえ） 4人

　③ （しき） 4+5-3=6
　　　（こたえ） 6人

20　3つの　かずの　けいさん⑥
41・42ページ

1　① （しき） 8-2+3=9
　　　（こたえ） 9こ

　② （しき） 4-3+7=8
　　　（こたえ） 8こ

2　① （しき） 7-6+8=9
　　　（こたえ） 9まい

　② （しき） 10-7+6=9
　　　（こたえ） 9わ

　③ （しき） 9-6+4=7
　　　（こたえ） 7人

※3つの数の計算で、たし算とひき算が入る時はおは
じきなどを使って増減のイメージを膨らませてあげ
ましょう。前のページで練習した「あわせて」「ち
がいは」などのポイントとなる言葉も意識するよう
にうながしましょう。

21　ふくしゅうドリル③
43・44ページ

1　① （しき） 2+3+4=9
　　　（こたえ） 9こ

　② （しき） 5+4-6=3
　　　（こたえ） 3こ

　③ （しき） 10-8+7=9
　　　（こたえ） 9本

2　① （しき） 3+6+4=13
　　　（こたえ） 13人

　② （しき） 9-4-3=2
　　　（こたえ） 2こ

　③ （しき） 3+6-4=5
　　　（こたえ） 5わ

　④ （しき） 5-4+8=9
　　　（こたえ） 9人

22　大きな　かずの　けいさん①
45・46ページ

1　①30・40・70・70
　②40・60・100・100

2　① （しき） 20+60=80
　　　（こたえ） 80わ

　② （しき） 50+40=90
　　　（こたえ） 90まい

　③ （しき） 40+20=60
　　　（こたえ） 60人

23 大きな かずの けいさん② 　47・48ページ

1　①29・29
　②43・5・48・48
　③12・8・20・20
　④72・9・81・81

2　①（しき）21＋8＝29
　　（こたえ）29わ
　②（しき）18＋4＝22
　　（こたえ）22さつ
　③（しき）16＋10＝26
　　（こたえ）26まい
　④（しき）22＋8＝30
　　（こたえ）30人

24 大きな かずの けいさん③ 　49・50ページ

1　①20・20
　②90・20・70・70
　③80・40・40・40
　④60・50・10・10

2　①（しき）40－30＝10
　　（こたえ）10まい
　②（しき）80－20＝60
　　（こたえ）60ページ
　③（しき）100－70＝30
　　（こたえ）30まい
　④（しき）80－50＝30
　　（こたえ）30こ

25 大きな かずの けいさん④ 　51・52ページ

1　①32・32
　②27・5・22・22
　③100・7・93・93
　④31・8・23・23

2　①（しき）49－6＝43
　　（こたえ）43まい
　②（しき）26－6＝20
　　（こたえ）20人
　③（しき）88－9＝79
　　（こたえ）79ページ
　④（しき）22－7＝15
　　（こたえ）15まい

※大きな数の計算では、「10の束」を理解すること
が大切です。苦手なお子さんにはもう一度「10の
かたまり」の数についてを確認してみてください。

26 大きな かずの けいさん⑤ 53・54ページ

1 ① （しき）100−60=40
　　（こたえ）2年生が　40人　おおい。

② （しき）39−7=32
　　（こたえ）赤えんぴつが　32本　おおい。

2 ① （しき）90−80=10
　　（こたえ）りんごが　10こ　すくない。

② （しき）60−30=30
　　（こたえ）赤いいろがみが　30まい
　　　　　　　すくない。

③ （しき）39−7=32
　　（こたえ）ひよこが　32わ　すくない。

④ （しき）32−7=25
　　（こたえ）おとなが　25人　すくない。

※ふりがなはなくてもかまいません。

27 ふくしゅうドリル④ 55・56ページ

1 ①50・40・90・90
　②35・7・42・42
　③70・40・30・30
　④32・8・24・24

2 ① （しき）65+8=73
　　（こたえ）73人

② （しき）42−9=33
　　（こたえ）33まい

③ （しき）45−8=37
　　（こたえ）みかんが　37こ　おおい。

④ （しき）24−7=17
　　（こたえ）ドーナツが　17こ　すくない。

28 ならびかた① 57・58ページ

1 ① まえ　　　　　　　　　　　うしろ

② まえ　　　　　　　　　　　うしろ

③ ひだり　　　　　　　　　　みぎ

④ ひだり　　　　　　　　　　みぎ

2 ①2　②3　③とんかつ　④ねこ

29 ならびかた② 59・60ページ

1 ① うしろ　　　　　　② うしろ

　　まえ　　　　　　　　　まえ

③ ひだり　　　　　　　　　　みぎ

④ ひだり　　　　　　　　　　みぎ

2 ①4　②3　③とんかつ　④ぺんぎん？

30 ならびかた③ （61・62ページ）

1 ① （しき）2＋1＝3　（こたえ）3ばんめ
　　② （しき）4＋1＝5　（こたえ）5ばんめ

2 ① （しき）3＋4＝7　（こたえ）7ひき
　　② （しき）3＋1＋4＝8　（こたえ）8人

 31 ならびかた④ （63・64ページ）

1 ① （しき）4－1＝3　（こたえ）3こ
　　② （しき）7－1＝6　（こたえ）6人

2 ① （しき）7－4＝3　（こたえ）3ばんめ
　　② （しき）9－2－1＝6　（こたえ）6さつ

 32 ふくしゅうドリル⑤ （65・66ページ）

1 ①

ひだり 🥤🥤🥤🥤🥤 〔🥤🥤🥤🥤🥤〕 みぎ

　② ひだり 🐻🐻🐻🐻🐻 ⊙🐻🐻🐻🐻 みぎ

2 ①2　②とかげ

3 ① （しき）8＋1＝9　（こたえ）9ばんめ
　　② （しき）4－1＝3　（こたえ）3人
　　③ （しき）8－6－1＝1　（こたえ）1さつ

 33 まとめの テスト① （67・68ページ）

1 ①5　②2
　　③5・4・9・9
　　④10・2・8・8

2 ① （しき）5＋4＝9　（こたえ）9まい
　　② （しき）8－5＝3　（こたえ）3こ
　　③ （しき）8－4＝4　（こたえ）4こ
　　④ （しき）2＋6＝8　（こたえ）8本

 34 まとめの テスト② （69・70ページ）

1 ① （しき）4＋3＋4＝11
　　　（こたえ）11人
　　② （しき）8－3－4＝1
　　　（こたえ）1こ
　　③ （しき）4＋5－2＝7
　　　（こたえ）7こ
　　④ （しき）6－5＋7＝8
　　　（こたえ）8人

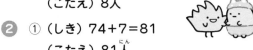

2 ① （しき）74＋7＝81
　　　（こたえ）81人
　　② （しき）54－8＝46
　　　（こたえ）46まい
　　③ （しき）38－9＝29
　　　（こたえ）みかんが　29こ　おおい。
　　④ （しき）16－9＝7
　　　（こたえ）ボールペンが　7本
　　　　すくない。

 35 まとめの テスト③ （71・72ページ）

1 ①1　②2　③とんかつ　④ねこ

2 ① （しき）9＋1＝10
　　　（こたえ）10ばんめ
　　② （しき）8＋3＝11
　　　（こたえ）11人
　　③ （しき）25－9＝16
　　　（こたえ）16ばんめ